Artischockentechnik
Weihnachtsschmuck

Marianne Kempe

Artischockentechnik Weihnachtsschmuck

ENGLISCH VERLAG

Die Deutsche Bibliothek – CIP-Einheitsaufnahme
Artischockentechnik: Weihnachtsschmuck / Marianne Kempe. – Wiesbaden: Englisch, 1995
ISBN 3-8241-0641-8

ISBN 3-8241-0641-8
Fotos Axel Weber
Printed in Germany

Inhaltsverzeichnis

Vorwort

Die Artischocken- und die Patchwork-Technik haben in letzter Zeit immer mehr Freunde gewonnen und werden von jung und alt, groß und auch klein mit Eifer ausgeübt.

Es ist eine Technik, die nicht nur für „Bastler“, sondern auch für diejenigen geeignet ist, die gerne handarbeiten. Man hat keinen großen Platzbedarf, es ist eine saubere und einfache Arbeit.

Ich möchte in diesem Anleitungsbuch versuchen, Ihnen die Arbeitsweise so zu erklären, daß Sie sofort mit diesem schönen Hobby beginnen können.

An dieser Stelle möchte ich ganz besonders meiner Mutter, Frau Elisabeth Lemke, danken. Sie hat mich tatkräftig bei der Herstellung der hier abgebildeten Arbeiten unterstützt.

Aber nun ans Werk!
Viel Freude wünscht Ihnen Ihre
Marianne Kempe

Grundsätzliches zur Herstellung

Artischockentechnik mit Bändern ist sehr einfach. Ich erkläre Ihnen die Arbeitsweise anhand von Bildern und Skizzen und werde später auch noch auf das Dekorieren eingehen, da ich aus der Praxis in meinem Bastelgeschäft weiß, daß Schleifen binden gar nicht so leicht ist.

Material und Werkzeug

Styroporkugeln, Ø 8, 10 und 12 cm
Styroporkränze in verschiedenen Größen, halb und rund
Bänder, farblich aufeinander abgestimmt, ca. 4 cm breit
Stecknadeln
Schere
Stift

Für die Dekoration
Blumendraht
Kombizange
Aufhängeband, 3–5 mm breit (Satinband)
duftiges Band, farblich passend zur Kugel
ggf. Blüten, Rispen, Früchte, Beeren, Efeu etc.

Materialbedarf
Kugel, Ø 8 cm: 2 Bänder à 2,5 m
Kugel, Ø 10 cm: 2 Bänder à 3,6 m
Kugel, Ø 12 cm: 2 Bänder à 4,2 m
Schleifen:
1,5 bis 2 m duftiges Band
Zum Aufhängen:
2 m schmales Satinband o.ä.

Artischockenkugeln

Die folgende Beschreibung gilt für alle abgebildeten Artischocken:
Zunächst schneiden wir unser abgemessenes Band in Stücke. Die Stücke sind doppelt so lang wie breit, d.h. bei 4 cm Breite sind sie 8 cm lang, bei 3,5 cm Breite 7 cm lang usw.

Jetzt können wir diese Stücke vorfalten, und zwar einmal in der

Mitte und dann die Ecken zur Mitte, so daß ein Dreieck entsteht:

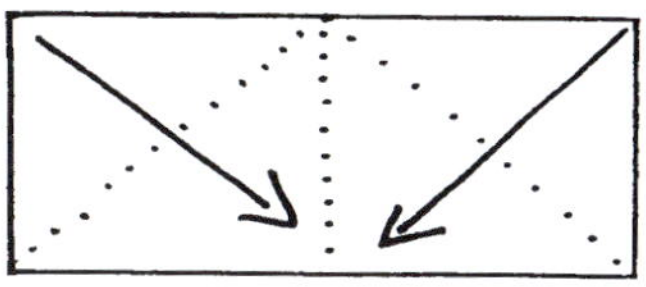

Schritt 1

Nun markieren wir unsere Styroporkugel mit einem Stift, damit wir später beim Feststecken der Bänder Hilfslinien haben.

Schritt 2

Das erste Band-Dreieck wird festgesteckt. Das Bandstück wird so auf die Mitte der Kugel gesteckt, daß wir beim Darüberfalten der Ecken die erste Nadel in der Spitze des Dreiecks „verstecken“. Nun wird das erste Dreieck mit weiteren 4 Nadeln unten fixiert.

Schritt 3

Das zweite Dreieck wird gegenüber vom ersten Dreieck aufgesteckt, dazwischen die beiden anderen. Diese 4 Dreiecke sind der Anfang für alle Kugeln.
Für die Artischockenkugeln geht es folgendermaßen weiter:
Durch die vier Anfangs-Dreiecke ergeben sich 8 Schnittstellen, auf denen wir im weiteren Verlauf die Spitzen der nächsten Dreiecke ansetzen.

Schritt 4

Wir arbeiten mit dem unifarbenen Band weiter, indem wir wieder 4 Dreiecke feststecken, aber denken Sie daran, immer gegenüberliegend arbeiten! Die Spitzen werden nicht mehr festgesteckt.

Schritt 5
Die verbleibenden 4 Schnittstellen werden nun mit dem gemusterten Band besteckt. – Jetzt ist die erste Runde fertig.
Arbeiten Sie in der oben beschriebenen Weise weiter. Sie beginnen hierfür wieder mit dem unifarbenen Band und setzen die Arbeit mit dem gemusterten Band fort. So entsteht der schuppenartige Eindruck. Am oberen Ende der Kugel lassen Sie bitte ein Stück frei, damit wir das Aufhängeband und die Schleifen mit dem Draht gut feststecken können.

Für die Dekoration machen wir aus dem Aufhängeband eine doppelte Lage, die unten mit Blumendraht umwickelt wird und dann tief in die Kugel eingeschoben wird, damit das Band auch hält. Aus dem Schleifenband werden 3 gleichgroße Stücke von jeweils ca. 50 cm geschnitten, aus dem verbleibenden Rest des Aufhängebandes ebenfalls 3 gleichgroße Stücke. Aus dem halben Meter Band binden Sie eine Schleife mit 3 „Ohren“ und legen das schmale Bändchen dazwischen. In der Mitte legen wir Blumendraht darüber und zwirbeln diesen hinten mit der Kombizange fest zusammen. So gestalten Sie drei Schleifen, die dann mittels des Drahtes rings um das Aufhängeband in die Kugel gesteckt werden, damit die Kugel von allen Seiten schön gleich dekoriert ist.
Nach dieser Methode werden alle Artischocken gefertigt. Die hier abgebildeten weihnachtlichen Motive habe ich zusätzlich noch mit Blättern, Blüten, Beeren etc. versehen, denn zu Weihnachten kann man ruhig etwas üppiger dekorieren.

Patchwork-Kugeln

Patchwork-Kugeln werden im Prinzip genauso gearbeitet wie Artischockenkugeln. Zunächst wird die Styroporkugel mit einem Stift markiert. Dann beginnen wir mit dem Aufstecken der 4 ersten Dreiecke. Sie sehen, die ersten 3 Schritte sind gleich.

Nun geht es etwas anders weiter: Die ersten 4 Dreiecke stecken wir nämlich auf der gegenüberliegenden Seite gegengleich.
Dann stecken wir eine Runde mit farbigem Band, insgesamt mit 8 Dreiecken, fest. Die Spitze von jedem Dreieck wird mit einer Nadel auf der Kugel befestigt. In der Mitte der Kugel sehen Sie nun einen Stern aus dem ersten Band. Auf der gegenüberliegenden Seite wiederholen Sie das Ganze.

Dann arbeiten wir mit dem unifarbenen Band weiter und stecken wieder eine Runde aus 8 Dreiecken, immer Spitze auf Spitze. Vergessen Sie nicht, die Spitzen mit Nadeln zu befestigen. Die andere Seite wird gegengleich gearbeitet.
Sie sehen, wir arbeiten immer in ganzen Runden gegengleich, das heißt, wir arbeiten gleichzeitig

beide Seiten bis zur Mitte der Kugel. Wenn Sie in die Nähe der Mitte kommen, achten Sie bitte darauf, daß die Bänder nicht über die markierte Mittellinie kommen. Ist das doch der Fall, sollten Sie diese Bänder gleich mit der Schere abschneiden, damit später kein „Wulst" entsteht, denn über diese Mitte wird ein Band gesteckt, um die Nadeln zu verdecken.

Die Dekoration der Patchworkkugel wird im Prinzip genauso angefertigt wie bei der Artischockenkugel: Zuerst wird das Aufhängebändchen eingesteckt, dann wird ein Band um die Mittellinie gesteckt (es reicht, wenn Sie dieses oben jeweils mit 2 Stecknadeln fixieren). Anschließend werden wieder 3 gleiche Schleifen gebunden und mit dem Blumendraht um den Aufhänger gesteckt – fertig.

Artischockenkugeln

Kugel in Goldorange

Für diese Kugel habe ich eine Styroporform mit einem Durchmesser von 12 cm verwendet. Die Natur- und Brauntöne passen sehr schön zu allen Holzfarben im Wohnzimmer und strahlen Wärme aus.

Aus jeweils 4,2 cm breitem Band schneiden Sie Stücke, hier 8 cm lang, und arbeiten nach der Anleitung für Artischockenkugeln. Die Abstände bitte nicht zu weit wählen, damit die Kugel in sich geschlossen wirkt.
Hier habe ich als Dekoration ein leichtes Spitzenband gewählt, was farblich gut zu dem Naturband paßt. Der goldfarbene Aufhänger wird in die Schleifen mit eingebunden. So erscheint die doch recht große Kugel etwas duftiger.

Brokatkugeln

Diese beiden Kugeln sind ebenfalls in der Artischockentechnik gearbeitet.

Einmal habe ich Gold und Silber kombiniert (man denke nur an Bicolor-Schmuck) und ebenfalls mit warmen Farben dekoriert, Goldband und Rosen.
Die andere Kugel wurde in Blau ebenfalls mit Goldband gearbeitet, um dem kalten Blau ein warmes Gesicht zu geben. Blau wird im Moment sehr viel mit Gold kombiniert.

Lavendelkugel und Früchtearrangement

Hier sehen Sie wieder eine Kombination mit Blau und Gold, aber nicht ganz so üppig, dafür etwas lockerer dekoriert. Die Arbeitsweise ist auch hier wie einleitend beschrieben. Besonders schön: die Dekoration mit künstlichen Lavendelblüten.

Bei der Rot-Gold-Kombination gefiel mir die Idee mit den Beeren sehr gut, die nicht nur für Weihnachten gilt. Auch hier wurde wieder etwas duftiges Goldband mit in die Schleifen eingebunden, damit der Gesamteindruck duftiger und leichter wird.

Kugel mit Goldrosen

Eine weitere Kombination mit Blau und Gold, sehr üppig mit Goldrosen und Goldband verziert, und daher insgesamt sehr elegant.

Die Arbeitsweise entnehmen Sie dem Kapitel „Grundsätzliches“, die Kugelgröße wählen Sie selbst je nach Geschmack.

Efeukugel und Beerenkugel

Bei beiden Artischockenkugeln sind wieder Bänder in warmen Farben, Beige mit Braun- und Rosttönen, verwendet worden. Die Dekoration mit goldfarbener Kordel und Gold-Efeu-Ranken bei der rechten Kugel hat eine sehr elegante Wirkung, die zudem warm wirkt. Bei der Beerenkugel habe ich ein paar Beeren, aber auch passende Blüten mit eingearbeitet, die die Wirkung der Kugel zwar etwas wegnehmen, aber durch den üppigen Charakter wird auch diese Kombination ihre Freunde finden.

Bordeauxkugel und Silberkugel

Eine klassische Kombination zu Weihnachten ist natürlich Rot mit Gold, was in diesem Buch auf keinen Fall fehlen darf. Für unser Beispiel dekorieren Sie eine kleine Kugel mit rot- und goldfarbenem Band. Die Schleifendekoration besteht aus Goldband mit einigen Rosen und etwas passender Kordel dazwischen – ein wunderschönes Geschenk für liebe Freunde – vielleicht zu Nikolaus. Bei unserer Silberkugel wurde Blau mit Silber kombiniert, damit auch diese klassische Variante vertreten ist. Wieder wurden hier für die Dekoration einige Blüten – hier in Blau – mit eingearbeitet, um dem Arrangement die nötige Leichtigkeit zu geben.

Christrosenkugel

Für diese Kugel wurden zwei wunderschöne Bänder kombiniert, die dem Arrangement einen besonderen Ausdruck verleihen. Die Dekoration mit dezenten Farben und Blüten läßt die verwendeten Bänder voll zur Wirkung kommen. Verwenden Sie bei Bänderkombinationen möglichst neben dem gemusterten Band ein unifarbenes Band, das eine Farbe der Musterung, in diesem Falle Cremeweiß, wieder aufnimmt.

Weihnachtszapfen

Bei diesen Modellen wurden keine Kugeln, sondern Styropor-Eier als Grundform verwendet, damit der Eindruck eines Zapfens entsteht. Auch die Stecktechnik wurde variiert, damit ein anderer Eindruck entsteht. Stecken Sie die verschiedenfarbigen Bänder abwechselnd aufeinander, so daß das Arrangement wie ein Tannenzapfen aussieht.

Gold- und Silberzapfen

Auch hier wurden keine Kugeln, sondern Eier als Grundform verwendet. Die Bänder stecken Sie wie gewohnt in der Artischockentechnik, immer abwechselnd in den verschiedenen Farben nebeneinander. Wieder zeigt sich eine andere Wirkung – aber auch sehr elegant.

Goldkugel

Bei dieser Variante habe ich ganz verschiedene Arbeitsweisen miteinander kombiniert.
Der Anfang ist wie gewohnt (s. Schritte 1–3). Dann wird in Runden gearbeitet, die Spitzen werden festgesteckt, so daß die Kugel insgesamt glatt wirkt. Durch die Kombination von 3 verschiedenen Farben kommen die einzelnen Runden gut zur Geltung.

Kugel in Rotgrün

Die Arbeitsweise dieser Rot-Grün-Kombination entspricht der vorhergehenden Goldkugel. Andere Bänder und Farbkombinationen vermitteln aber eine ganz andere Ausstrahlung. Gold – Rot – Grün – auch eine klassische Variante für Weihnachten. Bei unserem Modell fällt zudem die edle Kombination von dezentem Muster und golddurchwirktem Bandmaterial auf.

Satinkugel

Es gibt – wie man hier schön sehen kann – unendlich viele Variationsmöglichkeiten in der Artischockentechnik. Bei dieser Kugel wird in Runden gearbeitet, aber nur 2 Runden werden mit einem Kontrastband angelegt, der Rest wird immer mit dem gleichen Band gearbeitet.
So können Sie gut Reste verwerten, die nicht mehr ganz für eine Kugel reichen würden.

Patchwork-Kugeln

Weihnachtsstern

Mit dieser Kugel beginnen wir unsere Patchwork-Arbeiten. Die Schritte sind die gleichen wie bei unseren bisherigen Kugeln. Im Gegensatz zu den Artischocken werden allerdings hier die Spitzen der Dreiecke festgesteckt, damit das Band fest aufliegt. Arbeiten Sie in Runden, d.h. alle 8 Dreiecke einer Runde werden mit dem gleichen Band (siehe Beschreibung auf Seite 10) angelegt.

Sternkugeln

Auch diese und die folgenden Kugeln werden in der Patchworktechnik gearbeitet. Beim ersten Hinsehen haben sie Ähnlichkeit mit genähtem Patchwork. Auf Styropor ist es aber viel einfacher, diesen tollen Effekt zu erzielen. Die verschiedensten Bänder habe ich bei diesen Kugeln kombiniert, und immer kommt der Stern in der Mitte schön plastisch zur Geltung. Stellen Sie sich Ihre Lieblingsfarbkombinationen zusammen, und stecken Sie sich eine solche Kugel, die sich auch hervorragend als ganz persönliches Mitbringsel eignet.

Andere Grundformen

Weihnachtskränze

Kränze sind in der Herstellung einfacher, aber etwas arbeitsintensiver als Kugeln. Sie beginnen vom äußeren Kranzrand her, die Dreiecke festzustecken.

Arbeiten Sie in der Artischockentechnik, wie auf Seite 8 beschrieben, und stecken Sie die Dreiecke so fest, wie Sie es auf der Abbildung sehen.
Die unterschiedliche Wirkung dieser beiden Kränze kommt durch die verschiedenen Grundformen zustande, die sich darunter verbergen. Der Kranz in Gold und Silber hat einen „ganzen“ Kranz als Grundform, während sich unter dem anderen Modell ein „halber“ Kranz verbirgt. Kränze können Sie, wie hier zu sehen, als Kerzenhalter, aber auch als Tür- und Wandschmuck verwenden.

Früchtekranz

Hier möchte ich Ihnen noch eine andere Möglichkeit aufzeigen, einen Kranz zu bestecken: Dieser halbe Kranz wurde mit einem bunten Band umwickelt, während die andere Hälfte mit Dreiecken in Laufrichtung des Kranzes besteckt wurde. Auch hier rate ich Ihnen, mit vorgezeichneten Hilfslinien zu arbeiten. Beginnen Sie in der Mitte, und legen Sie rechts und links jeweils das unifarbene Band an, das auf der Kranzrückseite mit 2 Nadeln festgesteckt wird.

Seitlich davon stecken Sie das gemusterte Band auf (s. Abbildung). Sorgfältig angelegte Dekorationen, die nicht zu üppig ausfallen sollten, damit der Kranz seine volle Wirkung behält, runden das Gesamtbild ab.

Weihnachtsglocke

Außer Kugeln, Eiern und Zapfen können Sie natürlich auch andere Styroporgrundformen in der Artischockentechnik bestecken. Ein Beispiel sehen Sie hier: die Weihnachtsglocke.

Setzen Sie zuerst die 4 Dreiecke oben auf der Glocke auf (Schritte 1–3). Stecken Sie dann die anderen Dreiecke gemäß der Abbildung fest, bis die Glocke ganz bedeckt ist. Zum Schluß befestigen Sie das Goldbändchen und die Aufhängeschnur.

Vielleicht haben Sie jetzt Lust bekommen, noch andere Styroporgrundformen in der Artischockentechnik zu bestecken? Nur Mut, experimentieren Sie mit Formen und Farben und stellen Sie so Ihre ganz individuellen Dekorationen zusammen!

ENGLISCH VERLAG kreativ

ISBN 3-8241-0690-6
Broschur, 32 Seiten

ISBN 3-8241-0674-4
Broschur, 64 Seiten

ISBN 3-8241-0702-3
Broschur, 32 Seiten

ISBN 3-8241-0636-1
Broschur, 48 S., Vorlagebogen

ISBN 3-8241-0703-1
Broschur, 32 Seiten

ISBN 3-8241-0701-5
Broschur, 32 Seiten